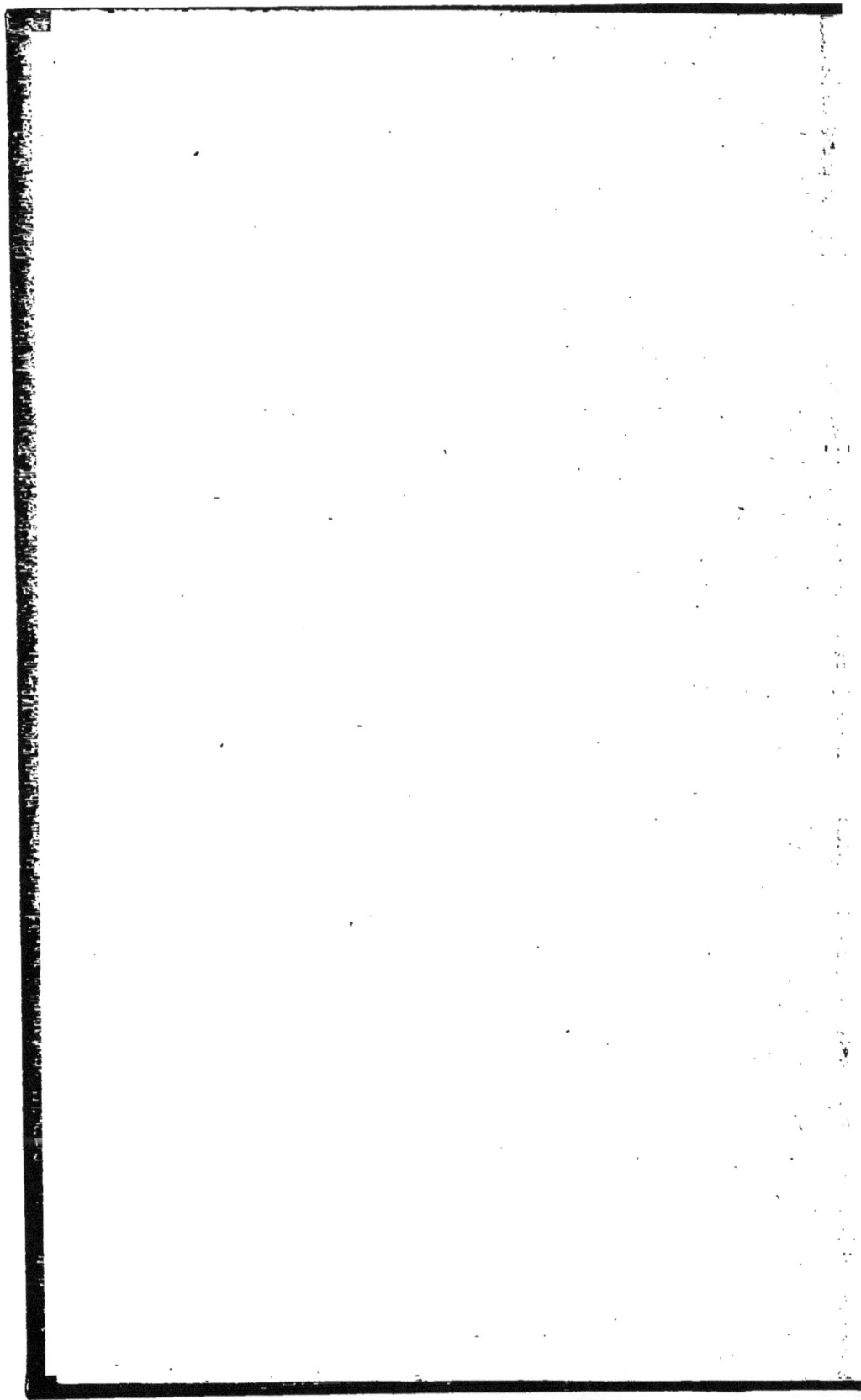

DÉCOUVERTE

D'UNE

NOUVELLE RACE

DE

GÉANTS

de 7 à 8 pieds de haut

Par M. DURIES

LISEZ

les détails de la plus curieuse découverte

qu'on ait faite depuis la création

PRIX : 50 CENTIMES

PARIS

CHEZ TOUS LES LIBRAIRES

DÉPÔT GÉNÉRAL CHEZ TRUCHY

BOULEVARD DES ITALIENS, 26.

DÉCOUVERTE D'UNE NOUVELLE
RACE DE GÉANTS
DE 7 A 8 PIEDS DE HAUT

—◦◦❀◦◦—

AVANT-PROPOS

Une nouvelle race de géants de sept à huit pieds de haut, qu'est-ce que cela, va-t-on se demander de toutes parts? Quel est l'auteur de cette nouvelle bouffonnerie? ou, pour mieux dire, de cette nouvelle souricière qu'on tend à la crédulité publique, etc., etc.

Doucement, cher lecteur, doucement s'il vous plaît; ne jetez pas aussi légèrement, et sans y regarder de plus près, la bride sur le cou à votre chatouilleuse imagination, qui, vous le savez, vous a déjà, en pareille circonstance, joué plus d'un méchant tour. Oui, des géants, de vrais géants !

Au lieu de commencer par repousser avec une ironique défiance les béquilles que je vous apporte, comme je ne vous adresse que quelques pages, essayez plutôt de me lire jusqu'au bout, afin de savoir ce que veut l'homme qui, à vos yeux, exagère la réclame au point de lui ôter tout côté de vraisemblance; et quand vous m'aurez lu, peut-être bien qu'au lieu de vivre en hostilité, nous finirons par nous entendre, ce qui, dans l'intérêt de tous, serait fort à souhaiter, ainsi que vous allez pouvoir vous en convaincre. Écoutez :

Buffon prétend qu'avant le déluge les hommes vivaient neuf cent dix ans, comme a vécu Noé, et qu'ils n'arrivaient à l'âge de la puberté qu'à cent trente ans, au lieu d'y arriver, comme nous, à quatorze.

Il dit encore qu'à cette époque, la terre étant moins solide et ses produits moins consistants, leurs corps étaient moins ductiles et beaucoup plus susceptibles d'accroissement que le nôtre.

D'après ces données, qu'on essaye de se faire une idée de la hauteur de ces antédiluviens qui grandissaient pendant l'espace de deux cents ans, quand nous ne mettons que vingt années à terminer notre croissance.

Ils mesuraient donc, approximativement, quelque chose comme cinquante pieds de haut; et qui a dit cela? Buffon. Or, je ne sache pas, pourtant, que ce savant, une de nos gloires nationales, ait jamais passé pour un fou.

Mais laissons de côté les géants de Buffon, que nous n'avons pas vus, pour parler de ceux que nous possédons, et de ceux mêmes que nous pourrions faire. Et d'abord, qu'on me permette de citer, en passant, le fait que voici :

Un jour, j'ai vu un géant de taille pyramidale qui tenait, debout dans sa main, une petite créature n'ayant pas plus de seize pouces de haut, et, vraiment, je ne saurais dire ce qui m'a le plus étonné, de la stature de ce Goliath ou des proportions lilliputiennes du petit homme qu'il tenait placé sur ses doigts, comme s'il se fût agi d'un perroquet.

En comparant la large poitrine de ce colosse, qui respirait comme une locomotive, à celle de ce petit être dont le souffle aurait à peine terni un miroir; en songeant que cet homme, haut de dix pieds, n'était âgé que de vingt-deux ans, et que cet autre, haut de seize pouces, en avait déjà soixante, on restait confondu d'étonnement; on se sentait disposé à croire à tout, oui, à croire à tout.

Et je dis que lorsqu'on se trouve en présence de si fabuleuses disproportions de tailles et de formes dans la même espèce, quand on voit que le fait existe, quand on l'a sous les yeux, je dis que, pour nier encore qu'il soit possible de les reproduire tels qu'on les possède, il faut ne pas avoir la moindre connaissance de la transmission des sucs nourriciers dans l'os, ou nier de parti pris; et, par malheur, c'est ce qui arrive le plus souvent.

Notre amour-propre se refuse à croire tout ce que nous ne comprenons pas instantanément; chaque découverte que la providence nous envoie, fût-elle des plus utiles, si de suite notre perspicacité ne nous donne la clef de ce nouveau mystère, nous le qualifions de folie.

Tout ce qui a le tort de dépasser les limites de nos connaissances acquises et de nous sortir de la routine, en nous traçant une voie nouvelle, est également considéré par nous comme utopie. Nous sommes ainsi faits.

Si encore nous nous contentions de nier, il n'y aurait que demi mal ; mais nous allons plus loin. Quand nous avons prononcé notre verdict, malheur à l'homme convaincu qui s'opiniâtre à défendre la vérité contre les avalanches de nos sarcasmes ; l'opinion publique dresse aussitôt son bûcher, court sus au novateur, et, sans plus d'examen, l'expose aux yeux de la foule, de cette même foule qui, depuis des siècles, semble se plaire à retomber dans les fautes du passé, et s'obstine encore aujourd'hui à ne voir, dans un élu de l'intelligence, qu'un égaré qui a la manie de se promener en plein jour le flambeau à la main avec la ridicule prétention d'éclairer ses semblables.

En vain le martyr s'efforce-t-il de crier à cette foule : *E pur si muove*, elle continue quand même à crier : au fou ; elle entoure le bûcher, elle augmente le nombre de fagots en raison de la grandeur de l'idée, et le sacrifice s'accomplit. Tel a été et tel sera toujours le sort des novateurs.

Quant à moi, qui, dans l'étude et dans le silence, ai passé ma vie à rajeunir mon prochain, je crains fort, à mon tour, non pas pour moi, mais pour les services que j'ai à rendre, je crains, dis-je, que cet aveugle tribunal ne veuille aussi me faire l'honneur de m'envoyer à Charenton.

Venir dire à ses juges qu'ils sont de pauvre et de petite espèce, que faire mieux et plus beau est un moyen trouvé, cela sent furieusement le fagot. Enfin, dit la sagesse : « Fais ce que dois, advienne que pourra. »

Mais si un tel sort m'est réservé, je déclare, au nom de l'humanité dont je défends les droits, que, quelle que soit la hauteur du bûcher, on entendra ma voix. Je pourrai bien passer pour fou, mais non pour poitrinaire.

A cette foule, atteinte de myopie, qui nie le progrès qu'elle ne comprend pas, je répondrai par des faits qui la forceront de voir malgré elle.

A ceux qui, par des théories embrouillées à dessein, essaieraient d'obscurcir une vérité claire comme le jour, je répondrai par la pratique.

A la science, si elle condamne sans vouloir expérimenter, je lui dirai qu'il n'appartient pas à un jugement formé en quelques jours, de quelque part qu'il vienne, de réfuter d'une manière absolue ce qu'un homme, qui est en possession de sa raison, a mis trente-cinq années de son existence à étudier, à approfondir et à prouver. De plus, je l'engagerai à fouiller les pages de l'histoire pour avoir à y énumérer ses erreurs passées, et, une fois de plus, à y compter le nombre de ses victimes, dont les colossales découvertes se dressent aujourd'hui devant elles comme autant de piloris contre l'orgueilleuse et coupable légèreté de son jugement.

Ah ! que Fulton s'est bien vengé en faisant voltiger dans l'espace, comme des essaims de bourdons confus mêlés à la poussière que balayait son œuvre, les milliers de savants qui l'avaient pris en pitié !

Pourquoi faut-il que, de préférence, l'envie sévisse sur ceux qui nous dirigent et nous éclairent, sur les pauvres novateurs, ces délégués de la providence qui passent leur vie à cultiver la fleur de leur génie pour la faire éclore aux yeux du vulgaire ; sur le génie lui-même qui ne nous apporte les fruits de l'arbre de la science que lorsqu'ils sont en évidente maturité.

O illustres fous, qui d'une main vous suspendiez aux branches, et de l'autre donniez ses fruits, on les trouvait trop verts, soyez vengés ; dormez en paix ; la terre tourne, on va en Amérique, et par la vapeur.

DÉCOUVERTE

D'UNE NOUVELLE RACE

DE GÉANTS

de 7 à 8 pieds de haut

PAR M. DURIES

INTRODUCTION SUR LES GÉANTS

Tout est dans tout, tient à tout, dépend de tout, et sort naturellement de tout sous toutes les formes, en plus ou moins grande quantité.

Or, quant à ce tout, l'homme veut emprunter quelque chose, quelle que soit la forme ou la nature de son emprunt, il n'obtient jamais de ce tout qu'une chose d'une valeur égale à celle de la dose d'intelligence qu'il a employée pour la produire.

Qu'un statuaire, par exemple, veuille à un bloc de marbre emprunter une statue, ce bloc, quoique inerte, n'abandonnera jamais à l'artiste, ainsi que nous venons de le dire, qu'une œuvre de valeur égale à la somme de talent que ce dernier aura dépensée pour la produire.

Puis, quand l'artiste aura déclaré que ce bloc ne saurait donner davantage, un autre, plus habile que lui, viendra prouver le contraire, en faisant produire au même bloc une œuvre supérieure à la première.

Tel malade abandonné par un médecin a été sauvé par un autre. Il en est ainsi de tout, ce qui prouve que là où Pierre n'a su rien voir, Paul peut découvrir quelque chose ; et c'est précisément ce qui nous arrive aujourd'hui relativement à l'éducation corporelle de l'homme. Non-seulement jusqu'ici toutes nos tentatives n'ont abouti à rien pour son amélioration, mais encore nous ne soupçonnons même pas ce qu'on pourrait faire pour lui.

De ce que tous nos systèmes précédents ont échoué, nous nous en tenons à cet échec, et nous en concluons qu'il n'y a rien de mieux à faire.

Mais c'est une erreur. Je le répète, tout est dans tout, tout est perfectible, même ce qui nous semble être la perfection. La science est sans limites, tout est possible, il ne s'agit que de trouver le moyen ; et comme ici, moi-même, j'apporte l'intime conviction d'avoir trouvé celui de faire croître extraordinairement les os, c'est à mon tour d'expliquer aussi clairement que possible comment j'obtiens ces résultats.

CHAPITRE PREMIER

Quand un homme déjà honorablement connu vient dire à ses contemporains que par ses conseils on peut régénérer l'espèce, et que, de plus, il a trouvé le moyen d'augmenter de hauteur la taille do l'homme, ainsi que nous l'avons dit dans notre préface, pour des découvertes de cette nature et de cette importance, disons-le franchement, pour qualifier cet homme, l'opinion publique n'a pas de moyen terme; pour elle, ce doit être un savant dans l'erreur, ou un fou à plaindre, et comme un gymnasiarque ne peut être un savant, reste le fou.

Si, après cela, on va jusqu'à lui faire l'honneur d'examiner son œuvre, ce n'est certes pas avec une pensée d'indulgence, mais bien, au contraire, pour y chercher sa condamnation dans le premier chapitre où il aura le moins heureusement développé sa pensée, et, par conséquent, le mieux prêté le flanc au ridicule. Voilà, je crois, en ce moment ma position vis-à-vis du public.

C'est plein de cette conviction, et pour faire savoir aussi dans quel état de conscience je me trouve à l'égard de la vérité, que je veux de suite entrer avec le lecteur dans les plus minutieux détails sur cette question de la croissance des os, qui, bien certainement, sera considérée comme mon côté vulnérable.

Quand on n'a que la vérité à dire, on l'aborde sans crainte comme sans détour.

Ai-je ou non trouvé le moyen d'augmenter la stature humaine ? La question tout entière est là.

Oui, je l'ai trouvé, et je dirai de suite que, d'après mon nouveau système, qui est de la plus grande simplicité, il consiste uniquement dans le gonflement des muscles par gradation, lequel gonflement, tant qu'il est entretenu par le mouvement à certain degré, vient opérer une pression constante sur le périoste, pour obliger ce dernier à l'absorption, en même temps qu'il contraint l'os au développement.

Je l'ai trouvé, enfin, puisque j'ai fait grandir tous ceux qui se sont confiés à moi, et que dans mon traité qui va paraître, j'enseigne scientifiquement aux pères de famille les moyens de faire grandir leurs enfants.

1.

Que peut-on demander de plus ? Cette manière de procéder a-t-elle le moindre rapport avec celle d'un fou ? Je ne le pense pas.

Le premier moment d'étonnement passé, de quoi s'agit-il, après tout ? D'augmenter le volume musculaire de l'homme et la hauteur de sa taille ? Qu'est-ce que cela ! Est-ce qu'un géant n'est pas un homme comme un autre ? Il est plus grand et voilà tout. Quoi ! lorsque chaque année nous voyons l'homme, à force d'études et de patience, augmenter le volume des grains, des fleurs, des légumes, des fruits et des différentes races d'animaux, même dans des proportions gigantesques, nous voudrions qu'après avoir opéré ces prodiges sur des végétaux et des animaux, seul il ne pût s'élever à la connaissance des lois de son développement, lui, l'être intelligent, qui raisonne, comprend et peut surtout seconder les efforts de celui qui entreprend de le régénérer !

Mais comme toute découverte a son origine, je vais apprendre de mon mieux au lecteur comment et dans quelles circonstances j'ai fait la découverte du mécanisme de la croissance des os, et par quels moyens aussi, plus tard, je suis parvenu à le maîtriser. Je me réserve, dans les derniers chapitres, de parler des moyens que j'emploie, ainsi que des résultats qu'ils me donnent.

CHAPITRE II

Il fut un temps où, pour moi comme pour tout le monde encore aujourd'hui, le principal mérite d'un professeur de gymnastique consistait à payer physiquement de sa personne, en brillant aux yeux

du public par une foule de casse-cou aussi contraires à l'enseignement, que nuls pour l'amélioration de la santé publique. On passait pour le
plus capable quand on était le plus audacieux.
Telle était encore ma manière de voir en 1840,
époque à laquelle on m'avait déjà décerné le scep-
tre des gymnasiarques, en même temps que mes
succès m'avaient fait appeler à la cour, pour y
faire l'éducation physique de tous les jeunes princes de la famille d'Orléans.

Or, à cette époque de mon apogée, qui fut aussi
celle de mon ignorance, l'engouement du public
était tel pour moi que, chaque jour, les plus beaux
équipages de Paris venaient prendre la file à la
porte du beau gymnase que quelques années avant
j'avais fondé hôtel du Cardinal Fesch, Chaussée-
d'Antin, et sur les livres duquel douze mille des
plus grands noms de l'Europe étaient déjà venus se
faire inscrire. En tête de ces douze mille noms, on
lisait ceux de :

MM. les ministres Guizot, — Duchâtel, — de
Montalivet, — Barthe, — Passy, — de Cubières.

Du comte d'Apony, ambassadeur d'Autriche, —
de M. de Kisseleff, — du prince de Craon, — du
maréchal Gérard, — du général Brune, — du
général Dariule, — du général marquis d'Ornano,
— du général Vincent, — du général de Préval, —
du général marquis de Talon, — du général La-
fond, — de M. le duc d'Aumale, — de M. le comte
de Paris, — de M. le duc de Chartres, — de M. le
comte d'Eu, — de M. le duc d'Alençon, — de M. le
prince Philippe de Wurtemberg, — de M. le prince
de Saxe-Cobourg-Gotha, — de Casimir Delavigne,
— de M. le prince de la Moskowa, — de M. de Saint-
Aldegonde, — du comte de Villain XIV, — du duc
de la Trémouille, — de M. de la Ferté, — de M. de

la Ferronay, — de M. Delessert, — du comte de Mortemart, — de M. de Cambacérès, — du marquis de Girardin, — du marquis de Lauriston, — du docteur Sichel, — du marquis d'Osmont.

Des banquiers Hottinguer, — Sanson Davilliers, — Théodore Davilliers, — Emile Pereyre, — Mallet, — Fould, — Gustave de Rothschild, — Alphonse de Rothschild, — Salomon de Rothschild, — Bayfous de Rothschild, — Antony de Rothschild, — Anselme de Rothschild, — Lionel de Rothschild, etc., etc.

Si nous ajoutons à tous ces grands noms celui de M. le comte de Chambord, que j'ai aussi exercé au grand gymnase militaire, on conviendra qu'il était impossible de se trouver en meilleure compagnie.

Voilà, lecteur, un échantillon des noms illustres qui, avant 1848, composait la clientèle qui m'a fait ce que je suis.

Et si maintenant vous voulez avoir la preuve que, depuis 1848, la faveur publique ne m'a pas fait défaut, il me suffira, entre autres noms, de citer ceux de MM. les princes de Beauveau, — du prince Radziwill, — de l'ambassadeur d'Espagne, — de l'ambassadeur des Pays-Bas, — de M. le comte de Mérode, — du marquis Aguado, — du duc de Mouchy, — du duc de Forly, — du prince Poniatowski, — du prince Czartoriska, — du comte de Galve, — de M. de Saint-Pierre, — du baron de Sébach, — du comte de Komar, — du baron de Clary, — du prince Murat, etc., etc.

Quand un homme a le rare bonheur de pouvoir recommander son passé par le témoignage de noms aussi honorables, nous croyons pouvoir dire qu'il a du même coup garanti son présent.

Je reviens donc à mon sujet, pour rappeler au

lecteur que vers 1840, dans mon beau gymnase du Cardinal Fesch, mon cabinet de consultations ne désemplissait pas ; et, que là, en homme que la faveur publique abuse sur sa propre valeur, je me prononçais sur les cas les plus graves, sans paraître le moins du monde me douter que toutes ces choses, qui touchaient à la science, ne pouvaient avoir aucun rapport avec les tours de force auxquels je devais la réputation dont je jouissais alors.

Néanmoins, chose importante à constater, on avait en moi une confiance illimitée ; on sollicitait mes conseils, et on les suivait quand même. Cela, je crois, prouve surabondamment qu'alors comme aujourd'hui le public n'y entendait rien, et il n'en pouvait être autrement.

Comment, d'ailleurs, aurait-il pu savoir que j'étais dans l'erreur, quand j'ignorais moi-même que nous y fussions tous ? Bref, je n'étais devenu l'homme à la mode que parce que, à la tête des intrépides professeurs que seul j'avais formés, on m'avait vu accomplir des témérités incroyables, et qu'on avait jugé de mes capacités d'après le degré de mes imprudences.

Le public lui-même semblait prendre à tâche, par ses applaudissements, de me pousser encore plus avant dans cette voie préjudiciable à l'enseignement. Je me souviens encore que son enthousiasme était au comble quand, suivi des miens, on me voyait sauter par la fenêtre d'un deuxième étage.

Je dirai en passant qu'un jour M. Dejean, alors directeur du Cirque, ne voulut pas regarder une seconde fois un de mes professeurs qui venait d'exécuter devant lui cette effrayante fanfaronnade, qu'il s'apprêtait à recommencer. Nous n'am-

2

bitionnions qu'une chose, émouvoir l'assistance au point de lui faire détourner la tête. En faut-il davantage pour montrer que nous n'étions que d'ignorants casse-cou, et que moi-même, quoique je fusse l'homme du moment, j'ignorais alors ce qu'ignore encore aujourd'hui la foule, qui regarde les hommes faisant métier d'adresse et de force?

J'ignorais que ce travail forcé, qui oblige le corps à se fatiguer sans relâche, pour contraindre les muscles à donner dans le plus bref délai ce qu'on devrait attendre d'un développement sage et progressif, n'est autre chose qu'un emprunt forcé fait au capital des forces mises en réserve par la nature. Je ne savais pas, enfin, qu'en agissant ainsi, on escomptait l'avenir sans profit réel pour le présent. .

Voilà ce que j'ignorais alors, et qu'on ignore encore aujourd'hui, quoique pourtant il soit facile de comprendre que de tels résultats obtenus par de tels moyens ne peuvent être ni durables ni profitables à la santé, fût-on bâti comme Hercule lui-même.

Eh bien! lecteur, c'est au milieu de ce déréglement, qui est encore resté le même, et de cette pénurie de ressources pour l'amélioration physique de nos semblables, que le secret du mécanisme de la croissance des os me fut révélé pour la première fois. Voici comment :

Il y avait parmi mes élèves bon nombre d'enfants petits qui m'étaient recommandés, et que je désirais vivement faire grandir. Pour atteindre ce but, ce que je croyais avoir de mieux à faire d'après mon système, était naturellement de les exercer beaucoup ; ces derniers furent donc l'objet de mes soins les plus assidus. Mais, à mon grand

désappointement, il arriva que précisément ceux
que j'exerçais beaucoup dans l'espoir de les faire
grandir plus vite restaient petits, tandis que ceux,
au contraire, que je négligeais, finissaient toujours par dépasser les autres en hauteur. Je ne
fus pas seulement humilié de cet échec, j'en fus
triste d'abord, puis ensuite j'en fus malade. Moi,
l'homme en vogue, je venais de me trouver face à
face avec la vérité; j'étais un ignorant, j'avais tout
à apprendre.

Je résolus donc de me mettre à l'œuvre avec persévérance pour observer minutieusement la nature,
et m'initier à ses secrets, afin désormais de ne plus
accepter légèrement et comme base de principe
des faits purement produits par le hasard.

Mes premières recherches furent naturellement
dirigées vers le mécanisme de la croissance, qui
venait de me jouer un si méchant tour, et, deux
ans plus tard, l'étude m'avait déjà révélé ceci :

« Que tous les pères de famille dont les enfants
« sont petits, et qui, dans l'espoir de les faire gran-
« dir, les font exercer le plus possible, sont et seront
« toujours dans l'erreur en agissant ainsi. »

En voici la raison première :

C'est que tous les exercices méthodiquement répé-
tés, quels qu'ils soient, ne peuvent se faire autrement que par le secours des muscles qu'ils mettent
en mouvement, et que, par conséquent, ils contractent et développent; or, toutes les fois que l'on
développe les muscles d'un enfant, il est mathé-
matiquement impossible aux os de croître, à beaucoup près, autant que lorsque les muscles sont en
repos. Voici pourquoi :

Pour s'allonger, les os prennent dans les muscles
leur nourriture, que ces derniers, à l'état de repos,
leur abandonnent sans résistance. Mais dès que

pour fortifier les muscles eux-mêmes on les sou-
met à des exercices qui les obligent à se contracter
et à se grossir, pour cette opération de leur augmentation, ils sont obligés de garder la presque
totalité de leurs sucs nourriciers, qu'à l'état de
repos ils abandonnent aux os en plus grande quantité.

Aussi voit-on généralement que les hommes fortement développés en muscles sont petits de taille,
ce qui explique l'absorption des sucs nourriciers par
les muscles aux dépens de la charpente osseuse ;
tandis que les hommes hauts de taille, à moins
d'avoir été envahis par la graisse, sont ordinai-
rement maigres : ce qui démontre encore l'absorption des mêmes sucs par les os aux dépens des
muscles.

C'est donc, je le répète, une erreur profonde
que d'espérer faire grandir un enfant en l'exerçant
comme on a l'habitude de le faire aujourd'hui.

Heureusement, le mal n'est pas sans remède,
puisque dans un Traité, qui paraîtra prochainement, j'enseigne au père de famille les moyens
par lesquels il pourra lui-même rendre ses enfants
grands et forts. En quelques pages, je lui donne le
fruit et le labeur de trente-cinq années d'expé-
rience.

Mais revenons à nos géants, et remettons sur le
tapis cette fameuse question de savoir si réellement
il me serait possible, en cultivant le corps de
l'homme tel qu'il est aujourd'hui, de le régénérer
au point d'en faire un corps de sept pieds de haut.

Avant d'entrer directement en matière sur ce
point, je crois à propos de faire remarquer que,
relativement aux proportions déterminées de la
taille de l'homme, aussi bien que sur le fait de

la durée de la vie, nous sommes imbus des idées les plus étroites et les plus fausses.

De ce que nous ne vivons plus en moyenne que trente ou quarante ans, nous déclarons, sans vouloir rechercher les causes de notre fin précoce, que là doit être le terme de la durée de la vie.

De ce que la hauteur de notre taille varie entre cinq pieds et cinq pieds et demi, tout ce qui dépasse ces proportions est considéré comme autant d'objets manqués, comme des erreurs de la nature. Hélas! il n'y a d'erreur que dans notre esprit, lorsque nous considérons un géant comme un aérolithe tombé des nues.

Au lieu de reconnaître dans un géant, fils de géant lui-même, un bourgeon du type vierge de notre race, qui, par un mystérieux hasard de la création, a mieux que nous résisté à la dégradation des temps, nous tournons autour de lui comme des souriceaux effrayés en le qualifiant de phénomène.

Voir et comprendre de cette façon est assurément le plus mauvais côté de notre affaire. Cela nous fait considérer comme impossible ce qui ne l'est pas, et, d'autre part, nous ôte l'envie de rien entreprendre pour notre amélioration physique, quand au contraire il dépend entièrement de nous de redevenir ce qu'étaient nos pères.

Pour voir les choses comme elles sont en réalité, il faut les prendre de plus haut, il faut remonter à notre origine, nous tenir pour convaincus que nous sommes des géants dégénérés, que ceux que nous possédons encore aujourd'hui en sont d'authentiques témoignages, et qu'il est impossible de leur assigner une autre origine sans s'exposer à déraisonner, le plus ne pouvant sortir du moins.

Oui, nous descendons des géants, et notre

2.

amoindrissement s'est opéré par une longue suc-
cession de siècles tourmentés par les guerres, l'intempérance, la débauche et la force naturelle des
choses, qui veut que chaque espèce, après avoir
déterminé sa forme et atteint les limites de son
apogée, n'ait plus qu'à décroître, pour s'éteindre
et disparaître comme les races perdues, comme
doit disparaître la nôtre, par cette raison même que,
n'ayant pas toujours existé, elle ne saurait con-
tinuer d'être, si elle n'entreprend rien pour se
régénérer.

Nous avons donc grand intérêt à connaître cette
autre vérité, à savoir : que notre corps est de nature à se prêter d'une manière prodigieuse à toutes
les améliorations physiques que nous voudrions lui
faire subir, et à toutes les dimensions de hauteur
et de grosseur que nous voudrions lui faire prendre. Les géants, les nains, les hommes squelettes
et les colosses que nous possédons en sont autant
de preuves vivantes.

Il est aussi facile de se faire maigrir sans altérer
sa santé que de se faire engraisser ; de même que
je puis augmenter la taille de l'homme, de même
quand on le voudra, à l'aide de toniques, d'as-
tringents, de bains de vin et d'exercices forcés
pour tremper les muscles, en contractant les fibres,
je me fais fort de métamorphoser les enfants les
plus robustes et d'en faire des nains. Tout est dans
tout : le papillon aux mille couleurs est dans la
chenille, comme le nain est dans le géant, comme
le géant sortira du nain par le secours de la
science ; la clef de chaque mystère n'étant qu'une
laborieuse et intelligente combinaison.

Partant de là, examinons maintenant si, à l'aide
de mes procédés, il me serait possible de faire un

géant d'un enfant destiné à devenir un homme de taille moyenne.

Je dirai tout de suite que cette question n'est plus un problème à résoudre, elle est un fait prouvé et reconnu. Si je n'ai pas encore fait de géants, cela tient à ce qu'on ne m'a jamais laissé le temps d'en faire; mais les nombreux suppléments de croissance que j'ai obtenus sur tous ceux qui se sont confiés à moi, aussi bien que les accroissements forcés que j'ai procurés à des enfants nés de parents petits, et ils ont toujours dépassé leur père et leur mère en hauteur, sont des faits qui, joints à d'autres non moins concluants, m'ont permis d'établir mes calculs sur des bases certaines.

Exemple. J'ai trois séries de tempéraments que je désigne ainsi : la première, os malléables; la seconde, os secs, et la troisième, os cassants. Or, comme chacune de ces séries, prise en particulier et manipulée par moi, est toujours contrainte de céder à l'action des moyens que j'emploie, en tenant compte des dispositions corporelles du sujet, de son âge, de la nature de son tempérament, dans l'espace d'une année il m'a été facile d'établir ce que chacune de ces séries pouvait me fournir, après avoir fait à la croissance naturelle la part la plus large, car la pratique est aussi claire que la théorie est obscure.

Je me garderai pourtant bien de dire ici que je n'ai jamais rencontré d'obstacles, et que pour réussir il m'a toujours suffi d'entreprendre. Non, certes, il s'en faut, et de beaucoup même, car dans bien des circonstances, avant d'avoir obtenu des résultats qui, en bonne conscience, pussent être attribués à l'application de mon système, j'ai rencontré certains enfants qui m'ont causé bien du dépit pour la résistance qu'ils lui ont opposé, notamment ceux auxquels on avait déjà beaucoup fatigué les muscles, en les exerçant sans art. Et, à ce propos, je crois bien faire ici d'expliquer la différence qui existe entre un enfant délicat, qui ne grandit pas, et un autre enfant dont la croissance est accidentellement retardée.

Rester petit et délicat est souvent un fait grave et inquiétant, tandis qu'avoir une croissance retardée est un fait sans aucune gravité.

Pour retarder la croissance d'un enfant robuste qui déjà a grandi à souhait, il suffit d'un changement d'air, d'un changement de régime alimentaire, ou bien encore d'un surcroît de travail intellectuel.

Un surcroît de travail intellectuel, venant tout à coup reporter vers la partie pensante la plus grande partie du principe de vitalité, juste au moment où, pour cette raison même, les muscles vont se trouver condamnés à une plus grande immobilité, peut, comme je viens de le dire, retarder la croissance de l'enfant le mieux disposé à grandir.

Mais ceux-là sont aussi faciles à reconnaître qu'à faire croître, ils ont presque toujours bonne mine, le cou court, les épaules larges, les mains épaisses, toutes les articulations sont grosses et mal dessinées : ils ressemblent un peu à une ébauche qui attend la dernière main ; et derrière ce robuste empâtement, on devine aisément la nature qui pousse et n'attend pour se développer que le plus léger prétexte.

Tandis que, au contraire, pour ceux qui, en dehors de ces conditions, sont restés petits, les choses sont bien autrement sérieuses. Pour bien le comprendre, il suffit de placer l'un auprès de l'autre ces deux sujets, et, en regard de l'enfant relativement robuste dont nous venons de tracer le portrait, nous y verrons cette fois un petit être pâlot, mignon dans ses formes, gracieux dans son ensemble, mais portant avec lui un petit air vieillot, qui indiquera clairement qu'il est loin d'être dans les conditions physiques du précédent.

Pour ce dernier, ce ne sera plus un retard de croissance, mais bien une paralysie de cette dernière, laquelle sera causée par une maladie locale qui d'abord m'imposera le devoir de m'occuper du rétablissement de la santé avant de penser à faire grandir un rachitique dans le corps et dans le sang duquel il n'y a ni sève ni soleil.

Si l'on veut que je récolte dans un mauvais terrain, il faut au moins que l'on me donne le temps de lui infuser mon engrais. Où il n'y a absolument rien, rien n'est possible.

Voilà à quoi les pères n'ont jamais pensé au moment de venir me consulter relativement à la croissance de leurs enfants. Confiants dans mes promesses, quand ils me les amènent, sans tenir aucun compte de l'énorme différence des cas, ils sollicitent tous les mêmes résultats et semblent croire que, pour obtenir, je n'ai plus qu'à toucher du bout du doigt et souffler dessus.

Malheureusement il n'en est pas ainsi, et, en présence d'aussi bienveillantes dispositions à croire au-delà de ce qu'il m'est réellement possible de faire, je dois à mon passé, à mon présent et à ma conscience, de prier ici le lecteur de vouloir bien considérer comme le fond des choses et l'expression exacte de la vérité que, vis-à-vis des personnes sensées qui ne se sont pas fait une idée exagérée de mon système et qui ont su attendre, j'ai toujours eu raison le dernier.

Mon système repose sur deux choses tout à fait

dépendantes l'une de l'autre : le régime alimentaire et le mouvement. Le régime alimentaire a autant de part dans les résultats que les exercices corporels.

Et à tous ceux qui s'adressent à moi dans le seul but de grandir, le régime que je prescris est presque débilitant, pour cette raison que les toniques contractent la fibre, donnent de la chaleur au sang, et que la chaleur est moins favorable au développement de l'os que le froid à certains degrés.

Toutes les plantes qui absorbent relativement la plus grande quantité d'eau sont celles qui croissent le plus vite; la chaleur fait germer et mûrir, mais l'eau seule, sous l'action de l'air, a la propriété d'imbiber les corps, de dilater leurs molécules organiques et de les développer.

Les toniques sont remplacés par mes exercices qui activent la circulation du sang et y portent la chaleur au-delà du nécessaire.

Le régime varie selon la différence des tempéraments; notre corps ainsi que les plantes a son engrais de préférence, celui qui s'incorpore le mieux avec les molécules dont il est composé pour augmenter son total. Chaque plante a la propriété d'extraire de la terre les sucs propres à son développement. Telle poussera parfaitement dans telle qualité de terre, qui dépérira dans une autre moins bonne; nos aliments sont des engrais qui s'incorporent à nous, selon qu'ils nous conviennent le mieux.

Il ne faut pas confondre l'obésité, fille de l'intempérance et de la paresse, avec une augmentation corporelle passée dans les muscles et dans les os à l'état de nature, par la combinaison du mouvement et du régime alimentaire, car le premier de ces deux développements est la paralysie des facultés physiques, tandis que l'autre en est l'augmentation et la consolidation.

Ma plus sincère conviction est donc que, par une longue et persévérante application de mon système, on doit insensiblement et infailliblement arriver à la réorganisation du germe primitif en augmentant peu à peu de volume et de taille le corps de l'homme, et ceci est facile à démontrer.

Puisque mes procédés ont pour conséquence de doubler de valeur les qualités physiques de tous ceux qui s'y soumettent, je suppose, par exemple, que je choisisse au hasard un jeune homme de vingt ans et une jeune fille du même âge pour les soumettre à leur influence?

Il en résultera d'abord que ces deux jeunes gens, s'ils valent cinquante le jour où ils viendront à moi, vaudront cent trois ans plus tard, lorsque j'aurai terminé leur éducation physique.

Maintenant, si nous marions ces deux sujets de qualité supérieure à celle des masses, il en résultera encore, qu'au bout d'un an, leur premier né vaudra cent comme eux, et que ce fils d'athlètes, étant à son tour comme ses père et mère, soumis à l'influence du système qui double les qualités physiques, de cent qu'il valait en naissant, vaudra deux cents vers sa vingtième année; puis, comme cette seconde récolte aura été faite sous l'influence d'un sang plus riche qu'à la première et pendant toute la durée de la croissance, nous pourrons cette fois espérer un athlète de sept pieds et demi de haut; c'est là ma plus ferme croyance.

Partant de ce point, — et il ne faut pas oublier ici que ce sont des chiffres et non des hypothèses, — partant de ce point, dis-je, et continuant avec persévérance l'application de ce système qui va en doublant, dans trente ans, nous aurions déjà de tels

résultats, que les vastes pensées du grand natura-
liste se trouveraient amplement réalisées.

Ceci dit : que les savants, s'ils le veulent, me
prennent en pitié; que les incompétents me consi-
dèrent comme il leur plaira de le faire, leurs déné-
gations n'empêcheront pas cette vérité d'arriver sur
son socle un jour ou l'autre.

Je le répète, je crois à la possibilité de ce nouveau
monde comme Christophe Colomb croyait au sien.
J'y crois, parce que j'ai produit ce que j'ai vu, et
que pour moi cela est clair comme les chiffres.

Sans doute, me dira-t-on, cela devient clair comme
des chiffres, si réellement il vous est possible
d'abord de doubler de valeur les qualités du père,
puis ensuite de reprendre le fils et de faire pour lui
ce que vous aurez fait pour le père; mais dire et
et exécuter sont choses bien différentes.

A quoi je répondrai que pour faire le jour sur une
question qui intéresse à un si haut point l'humanité,
il suffira de me prier de vouloir bien fournir la
preuve de ce que j'avance ici, en expérimentant au
grand jour, devant les médecins et les savants, devant tout Paris assemblé si l'on veut, le centimètre
en main; je prendrai au hasard un jeune homme
dans la foule pour le faire mesurer par la poitrine,
par les bras et par les jambes. Je ferai ensuite constater son degré de force et son état de santé; et six
mois plus tard, je le ramènerai devant les mêmes
personnes qui, à l'aspect du changement qui se sera
opéré sur ce sujet, pourront juger de ce qu'il m'est
possible de faire avec le temps. Qui donc oserait en
dire autant?

Et pourtant, je le répète, mes exercices sont de
la plus grande simplicité, car je n'emploie que trois
séries de mouvements; la première, pour activer
la circulation du sang, la seconde, pour gonfler les

muscles sans les contracter, afin qu'ils puisent plus facilement les sucs dans les dissolutions pour les transmettre aux os.

CHAPITRE III.

Pour étudier les différentes phases de la croissance, il m'a fallu tout le temps que la charpente osseuse met à se former. Il m'a fallu vingt ans pour pouvoir m'assurer de deux choses : la première, que c'est bien pendant les moments de sommeil et de repos que les os s'allongent; la seconde, de combien il me serait possible d'augmenter la hauteur de la taille d'un homme que j'aurais exercé jusqu'à l'âge de vingt ans, en l'ayant commencé à cinq.

Pour le premier cas, j'ai, pendant plusieurs années, mesuré des enfants le matin, pour les mesurer de nouveau le soir, sans que jamais, depuis leur lever jusqu'au moment du repos, aucun d'eux n'ait donné un centimètre de différence.

Tandis que du soir au matin, j'ai très souvent trouvé un et même deux centimètres de hauteur de taille en plus dans la même nuit.

Voilà donc une chose désormais démontrée, acquise : c'est pendant la nuit ou les moments de repos que l'allongement des os se fait, et jamais quand les muscles sont en mouvement.

Voici, en quelques lignes, l'explication du mécanisme de cette opération de la nature.

Pendant le jour, par la vie active, les muscles fonctionnent et se gonflent, pour attirer vers eux la totalité des sucs produits par la dissolution des aliments, et c'est le soir, lorsque le corps est au repos, et que la fibre est détendue, que l'os, qui a jeûné toute la journée, commence à se livrer à la succion dans les parties molles qui l'entourent ; cette succion lui est d'autant plus facile que la fibre qui dort n'est plus contractée, et lui verse sa sève plutôt qu'elle ne la lui abandonne.

Aussi, l'os satisfait-il à ce besoin avec l'avidité d'un enfant qui s'acharnerait au sein de sa nourrice pour lui prendre tout son lait ; ce qui fait que souvent, le matin, au lieu de voir l'enfant frais et dispos, on le trouve, au contraire, fatigué et abattu, et qu'après avoir constaté qu'il a grandi de deux ou trois centimètres, on peut remarquer, en même temps, qu'il a maigri de toutes les parties du cœur.

Pour prévenir l'affaiblissement, il faut, toutes les fois qu'un enfant annonce un excès de croissance, avant tout et par-dessus tout, s'arranger de manière à le faire manger beaucoup ; car c'est précisément lorsqu'il est maigre, qu'en raison de cette diète, les os se livrent à une succion beaucoup plus active ; d'où il résulte qu'elle épuise le sujet, et que la plus légère indisposition met sa vie en danger.

Faire manger beaucoup les enfants quand ils grandissent, c'est alimenter les os, c'est les empêcher d'épuiser les muscles ; c'est, enfin, prévenir les funestes accidents que souvent les croissances hâtées déterminent, et, comme ramener l'appétit chez un enfant qui l'a perdu, ou le procurer à celui qui n'en a jamais eu, n'est pas chose du ressort de tout le monde, je recommande aux pères de famille, pour y parvenir en pareille circonstance, les moyens indiqués dans mon traité.

La seconde chose qu'il m'importait de connaître à fond, par une longue série d'observations et de

minutieuses comparaisons, c'était d'être, aussi exac-
ment que possible, renseigné sur ce qu'il me serait
permis d'augmenter de hauteur la taille d'un
homme que j'aurais exercé jusqu'à l'âge de vingt
ans, en l'ayant commencé à cinq, comme je l'ai
déjà dit; or, les calculs les moins en ma faveur ont
donné les résultats suivants :

Chez les natures les moins riches, après ce laps de
temps, il m'a été prouvé qu'il était possible d'augmenter la hauteur de la taille de l'homme, dans les
proportions de deux pouces par pied, en plus de
celle qu'il aurait dû avoir.

Si donc on ajoute à sa taille deux pouces par
pied, comme nous venons de le dire, un homme né
pour avoir cinq pieds six pouces, serait un homme
de six pieds six pouces de haut; et cette fois, au
lieu d'être parmi nous une rare exception, comme
tous les géants que nous possédons, qui se meuvent
avec lenteur et difficulté, les sujets ainsi développés auraient l'avantage d'être un type de race
nouvelle, aussi fortement développés en muscles
qu'en os, et possédant toute la vigueur et la souplesse des petits hommes du Midi.

L'application de ce nouveau système ayant pour
résultat de bonifier la matière première, a naturellement pour conséquence d'en prolonger la durée,
et j'estime qu'en dehors des accidents, ces hommes
nouveaux devraient durer au moins deux cents ans.
J'ai d'ailleurs remarqué que tous ceux que j'avais
longtemps soumis à l'influence de mon système
avaient grandi beaucoup plus tard que tous les autres, ce qui annonce, de la manière la plus claire, la
prolongation de la vie pour ces derniers. Disons,
toutefois, que les résultats varient en raison de la
différence des organisations.

De même, il va sans dire que tous ceux qui s'adressent à moi dans le seul but de grandir, ne peuvent participer au bénéfice de ma découverte qu'en raison de leur âge, d'abord, et ensuite, du laps de temps qu'il leur plaît de rester soumis à l'influence de mes procédés.

Sauf votre avis, lecteur, voici la plus curieuse et la plus intéressante découverte des temps modernes. Ce qu'on pourrait faire par elle est incalculable. On le comprendra d'ailleurs, quand je dirai que par cette nouvelle méthode, dans une journée, un seul homme peut en exercer mille, avec art.

Par exemple, pour les militaires, avec un soldat pris dans chaque régiment, mon traité à la main, on pourrait, dès à présent, commencer à exercer toute l'armée, sans demander à chacun de ces hommes plus de trois quarts d'heure de son temps par semaine ; et comme trois années me suffisent pour transformer un rachitique en un athlète, vers 1869, nous posséderions déjà une armée de gladiateurs, à laquelle il ne faudrait jamais plus d'une heure pour gagner une bataille, même en face des canons rayés et des fusils à aiguille ; une armée avec laquelle il me serait facile de prouver aux tacticiens les plus entêtés, que la poudre à canon n'a jamais détrôné la force physique, quand cette dernière est guidée par l'intelligence.

Je sais bien qu'un tel langage peut faire sourire les braves qui, avec leurs carabines, savent loger une balle dans un caisson à deux mille mètres de distance ; mais que ces braves sourient ou non, le fait reste le même. Je le répète, rien au monde, en fait de guerre, ne saurait avoir raison de la force physique guidée par l'intelligence. Je vais d'ailleurs publier, sur ce sujet, une théorie qui, je l'espère, fera bien augurer de la pratique ; elle aura pour titre : *La poudre à canon détrônée par la force physique*.

Voilà donc, pour l'armée, un moyen de régénération qui ne ferait pas longtemps attendre ses résultats ; en profitera-t-on ? Assurément non. Nous sommes trop occupés de nous détruire pour penser à nous régénérer.

D'autre part, pour le peuple, si dans chaque famille on possédait mon livre, et que soi-même on s'exerçât en exerçant les siens, cette fois, au lieu d'être tranché, le nœud gordien de la régénération serait dénoué ; et si de nouveau l'on veut avoir la preuve qu'avec cette méthode il est possible d'exercer les hommes par milliers, qu'on me place dans le Champ-de-Mars, ou au Carrousel, devant un ou deux mille soldats, seul, dans la même journée, je me fais fort de les exercer tous, avec art et profit, homme par homme, des pieds à la tête, en développant méthodiquement leurs muscles, par le mouvement direct qui leur est propre. Ce sera pour moi une occasion de plus de prouver que je n'avance rien que de praticable, et que je ne puisse mettre moi-même à exécution.

Le moyen de régénérer tout un peuple ne consiste pas seulement dans la possession du meilleur des systèmes ; non, son application partielle équivaudrait à jeter un pain de sucre dans la Seine pour y faire de l'eau sucrée. Il consiste, au contraire, dans une extrême simplification qui en rend l'application facile et prompte, afin de la généraliser.

Or, celui que j'apporte remplit toutes les conditions désirables. Pour tout apprendre, nous l'avons déjà dit, il suffit de dix minutes ; je suis là pour en fournir la preuve à qui doute, et je ne saurais trop le dire, pour se donner la force et la santé, trois quarts d'heure par semaine suffisent à chacun.

Ajoutez à cela qu'on n'a pas besoin de mécanique, de cordages, ni de matériel qui s'accroche au mur, ni d'un grand emplacement. Le plus petit cabinet suffit comme espace; et, ce qui mérite considération, on n'a pas besoin de sortir de chez soi.

Que peut-on demander de plus? n'est-ce pas ici le cas de le dire, qu'il n'y a plus qu'à se baisser pour en prendre? À présent que j'ai rendu la chose aussi facile et aussi évidente, si réellement nous sommes désireux de nous régénérer, qui nous empêche de retrancher trois quarts d'heure par semaine du temps donné aux plaisirs qui nous tuent, pour réparer les avaries qu'ils ont faites à notre corps?

Ah! si nos législateurs avaient la fermeté et la foi des anciens, d'ici à cinq années, quel peuple! quelle armée! Dans les collèges et dans les villes, quelle pépinière d'athlètes pour les générations futures!

Je ne saurais dire combien de temps j'ai à passer pour fou, mais ce que je crois pouvoir affirmer aux hommes les moins disposés à me croire, c'est que si, à son début, cette découverte doit avoir le sort de la vapeur, comme elle, un jour, elle en viendra à étonner le monde.

CHAPITRE IV

De tout ceci, que pensez-vous, lecteurs? N'est-il pas vrai qu'en m'entendant vous parler d'hommes de sept pieds de haut, pouvant vivre deux cents

ans, vous avez plus d'une fois haussé les épaules ?
Eh bien ! dans notre intérêt commun, suivez mon
conseil, ne vous hâtez pas de juger, et vous recon-
naîtrez, j'en suis certain, que je n'ai rien promis
que de raisonnable et de possible.

Les géants, nous les possédons déjà. Quant à
l'âge, certains cas de longévité, dont nous ne
saurions nier l'authenticité, vous prouvent que
nous ne sommes pas bien loin de compte ; croyez-
moi, vous dis-je, ne vous hâtez pas de juger.

Si Dieu n'a pas donné à l'homme le pouvoir de
créer, en revanche, il lui a permis, à force d'études
et de patience, d'arriver à améliorer et à augmenter même la valeur intrinsèque des hommes et
des choses d'ici-bas. Votre impartialité, je l'espère, me rendra cette justice que je ne me suis pas
donné comme un faiseur de miracles.

Je n'ai point promis de créer des géants, j'ai tout
simplement promis d'en augmenter le nombre,
autrement dit, de faire pour le corps de l'homme
et celui de la femme, ce que le jardinier est parvenu à faire pour les fleurs et les fruits, ce que l'intelligent fermier a su faire pour les grains, et ce
que les éleveurs, enfin, sont parvenus à faire pour
les différentes races d'animaux, c'est-à-dire, à augmenter la hauteur de leur taille, et leur volume
corporel. Voilà ce que j'ai promis, et, comme je l'ai
déjà fait, je puis encore le promettre.

Si, entre mille, vous voulez une preuve que l'os
est flexible et peut se prêter à tout, regardez les
jambes des anciens cavaliers, et vous remarquerez
qu'elles ont toutes plus ou moins gardé l'empreinte
de la forme convexe des flancs du cheval, et comme
ce fait se produit de vingt à trente ans, on peut
juger de ce qu'il est possible de faire avec l'os,

quand il est à l'état de bois vert, c'est-à-dire de deux à douze ans.

Si vous voulez aussi la preuve que l'os est susceptible de croître extraordinairement, par l'autorité du mouvement, regardez les larges mains des matelots, des terrassiers, des serruriers, examinez la grosseur des os de leurs poignets, celles des articulations de leurs doigts, et, fussiez-vous bonnetiers de votre état, vous serez toujours assez forts pour reconnaître que les trois quarts du développement que cette main a acquis par la fatigue, s'est produit dans les os, puisque le plus souvent, elle est restée maigre et osseuse.

La raison de ce développement des os de la main, est le plus souvent causée par la continuelle pression du manche d'un outil sur les parties molles des doigts, lequel oblige ces dernières à tasser plus fortement et en plus grande quantité leur suc nourricier dans les cellules des os ; de sorte, que l'exercice, en y appelant plus particulièrement la circulation et la vie qu'ailleurs, en détermine au fur et à mesure l'absorption à leur profit.

Que les gens à courte vue, qui se sont fait une loi de ne rien accepter au-delà de l'horizon de leur perspicacité, me contestent d'avoir trouvé le moyen de forcer l'os à croître, cela va de soi, l'homme est dans son rôle ; mais qu'on essaie de me prouver qu'il n'en existe pas, c'est là une besogne que je défie le plus érudit de mener à bonne fin.

APERÇU DES DIFFÉRENTS CHAPITRES

CONTENUS DANS LE TRAITÉ QUI VA PARAITRE

TRAITÉ SPÉCIAL A L'USAGE DES DAMES

I. Pour les dames qui n'ont pas dépassé 30 ans, restitution des formes primitives.

II. Pour les dames de 40 à 50 ans, raffermissement des chairs, restitution de la force, et rétablissement de la santé.

III. Pour les dames après 50 ans, assouplissement des articulations, entretien de la circulation et maintien de la santé.

IV. Pour les dames qui n'ont pas dépassé 40 ans, moyens sûrs de faire disparaître les cavités causées par la maigreur.

V. Pour se faire maigrir sans laisser de vide dans les chairs, et sans altérer sa santé.

VI. Pour se faire engraisser dans l'espace de deux mois.

VII. Pour se donner en très peu de temps, des bras, des jambes et des épaules parfaitement modelés, etc., etc., etc.

Pour ces différents cas, je traite à forfait, si on le désire ; encore une fois, qui donc pourrait en dire autant ?

CHAPITRES DIVERS

I. Moyens infaillibles pour guérir soi-même les déviations de la taille.

II. Guérison de la plupart des paralysies.

III. Moyens préventifs et curatifs des maladies de la moelle épinière.
IV. Le secret de rendre la force, la souplesse et souvent même la forme primitive aux membres qui ont été fracturés ou ankilosés.
V. Le secret de rajeunir et d'assouplir les membres qui ont été raidis par l'âge.
VI. Guérison des palpitations de cœur, en régularisant la circulation du sang et en élargissant la poitrine.
VII. Moyen préservatif contre la phthisie pulmonaire en augmentant la contractibilité du tissu cellulaire.
VIII. Cure de l'épilepsie pour les cas ordinaires.
IX. Procédé infaillible pour élargir la poitrine.
X. Guérison de la plupart des vices de conformation.

ITINÉRAIRE DU PÈRE DE FAMILLE

Pour lui apprendre à quel âge et dans quelles conditions de santé il peut faire apprendre à ses enfants :

La Gymnastique;
La Danse ;
L'Equitation ;
La Natation;
Les Armes, etc., etc.,

Suivi de renseignements sur les avantages et les dangers de chacun de ces exercices.

GUIDE DE LA MÈRE DE FAMILLE

Pour élever physiquement ces enfants, à partir
du berceau

I.   Remarque sur l'inutilité des rideaux aux lits des enfants.

II.   Sur la manière de les porter.

III.   Sur l'inconvénient de les forcer à marcher trop tôt.

IV.   Des moyens à employer de préférence pour faciliter leurs premiers pas.

V.   Précautions à prendre pour un enfant qui, ayant déjà marché, recommence à marcher, après avoir fait une maladie.

VI.   Sur la manière de leur donner la main quand on les promène.

VII.   Sur l'inconvénient de leur faire sauter des ruisseaux en les tenant par une seule main.

VIII. Précautions à prendre quand ils jouent sur le gazon ou sur le sable.

IX.   De la surveillance à exercer sur leurs premiers jeux.

X.   Sur les jeux qu'ils doivent préférer et sur ceux qui leur sont contraires, etc., etc.

———

Mes secrets n'ont été jusqu'à ce jour communiqués à personne, et ne seront connus que par l'ouvrage annoncé par la présente brochure.

Ils sont ma propriété exclusive, mon œuvre personnelle, longuement et studieusement élaborée, et je porte à qui que ce soit le défi de pouvoir m'en contester la paternité.

Ce précieux ouvrage sera livré aux souscripteurs, du jour où mille en auront fait la demande.

Deux cents se sont déjà fait inscrire. Avis aux retardataires.

On souscrit : à Paris, chez TRUCHY

Boulevard des Italiens, 26

DÉPOT GÉNÉRAL

Sous presse

POUR PARAITRE PROCHAINEMENT :

Par où la Vieillesse commence

DU MÊME AUTEUR

Brochure du prix de 25 centimes

Typ. Alcan-Lévy. boul. de Clichy, 62

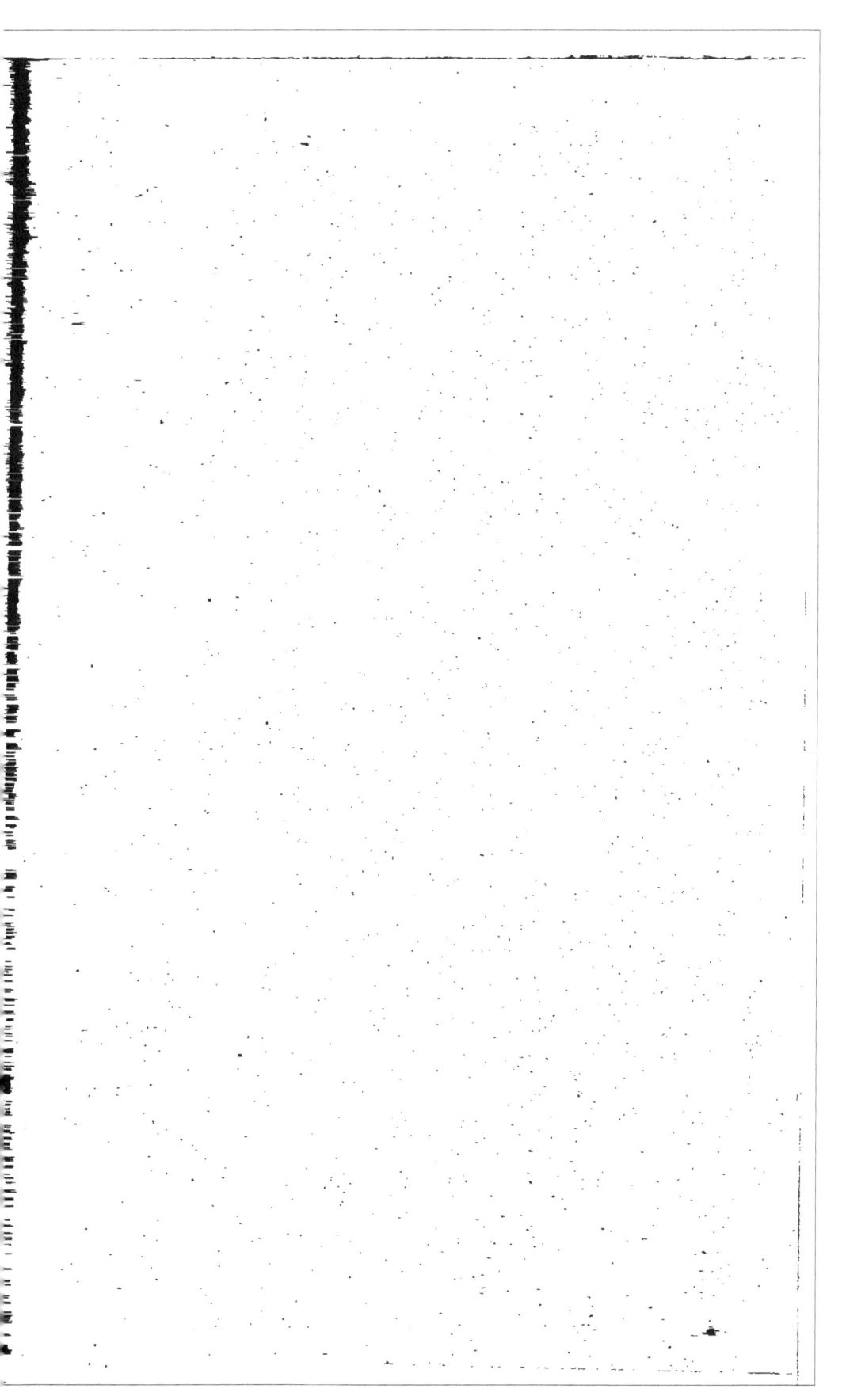

PARIS. — TYPOGRAPHIE ALCAN-LÉVY

boulevard de Clichy, 62

www.ingramcontent.com/pod-product-compliance
Lightning Source LLC
Chambersburg PA
CBHW050551210326
41520CB00012B/2809